高等学校计算机应用规划教材

程序设计基础上机指导

——C语言

主　编　金兰

副主编　梁洁

清华大学出版社

北　京

内 容 简 介

本书是《程序设计基础——C 语言》的配套上机指导教材。

全书内容共分 8 次上机操作，即传统意义上的 8 章，主要内容包括：目的、要求、内容及步骤、编程，有的章还包括综合编程练习和课外拓展上机练习题等部分。

本书可作为高等学校各相关专业“程序设计基础”、“C 语言程序设计”课程上机教材，也可作为程序开发人员培训上机教程，同时还可以用作全国计算机等级考试、编程爱好者自学练习用书。

本书为任课教师免费提供全部上机指导参考答案，本书需要与配套教材《程序设计基础—— C 语言》一起使用。

图书在版编目(CIP)数据

程序设计基础上机指导：C 语言/金兰　主编.　—北京：清华大学出版社，2016（2024.1 重印）
(高等学校计算机应用规划教材)
ISBN 978-7-302-42445-1

Ⅰ. ①程…　Ⅱ. ①金…　Ⅲ. ①C 语言—程序设计—高等学校—教材　Ⅳ. ①TP312

中国版本图书馆 CIP 数据核字(2015)第 299452 号

责任编辑：刘金喜　蔡　娟
封面设计：孔祥峰
版式设计：思创景点
责任校对：牛艳敏
责任印制：宋　林

出版发行：清华大学出版社
网　　址：https://www.tup.com.cn, https://www.wqxuetang.com
地　　址：北京清华大学学研大厦 A 座　　邮　　编：100084
社 总 机：010-83470000　　邮　　购：010-62786544
投稿与读者服务：010-62776969，c-service@tup.tsinghua.edu.cn
质 量 反 馈：010-62772015，zhiliang@tup.tsinghua.edu.cn
印 装 者：三河市龙大印装有限公司
经　　销：全国新华书店
开　　本：185mm×260mm　　印　　张：6　　字　　数：107 千字
版　　次：2016 年 2 月第 1 版　　印　　次：2024 年 1 月第 10 次印刷
定　　价：26.00 元

产品编号：065457-02

前　　言

本书是《程序设计基础——C 语言》一书的配套上机指导教材。

本书按上机内容编排章节，共分为 8 次上机操作，即 8 章内容。内容包括：C 语言简单程序的编写和调试，数据类型、运算符和表达式、输入输出函数的应用，控制结构程序设计，数组的应用，函数程序设计，指针的应用，结构体与共用体的应用，文件的操作等。各章的内容主要包括目的、要求、内容及步骤、编程，有的章还包括综合编程练习和课外拓展上机练习题等部分。

本上机指导教材具有以下鲜明的特点：

1. 教学体系设计符合认知规律。上机指导的教学体系按照知识点划分，分模块、由浅入深逐步递进，层次结构清晰，符合认知规律。

2. 上机题型丰富。上机指导题型丰富，包括模仿编程验证题、程序填空题、读程序写结果、编程题和综合设计创新题。通过 100 道左右的上机练习题，全面提升读者的编程能力。

3. 分阶段的上机指导内容。在上机内容设计中，依据人类认知过程的特点，把上机内容分为：模仿验证阶段、自主设计阶段、综合设计阶段和思考创新阶段 4 个阶段。本书在内容编排方面，降低模仿验证型实验；加强设计型、综合设计型实验；适当添加思考型实验，以培养学生的动手能力、实践能力和创新能力。

4. 贴心指导。上机内容的第三部分“内容及步骤”中，给出了程序设计的思路指导，引导学生一步步循序渐进地掌握算法设计的思想和方法。

5. 分层教学，满足不同的学生要求。上机内容中的第三部分“内容及步骤”和第四部分“编程”旨在巩固课堂教学内容，熟练掌握编程方法和技巧，适合所有学生进行上机练习。上机内容中的第五部分“综合编程练习”主要是结合几章的知识点，进行综合性编程能力训练。上机内容中的第六部分“课外拓展上机练习题”多选用了一些和我们生活紧密相关，需要反复斟酌、认真进行算法分析和设计的题目。第五部分和第六部分适合学习能力强、学有余力的学生课后自主上机练习。

6. 每章上机练习设计成活页形式，灵活方便。学生每完成一次上机练习，可撕下提交给教师检查。

本书可作为高等学校各相关专业“程序设计基础”、“C 语言程序设计”课程上机教材，也可作为程序开发人员培训上机教程，还可用作全国计算机等级考试、编程爱好者自学练习用书。

本书为任课教师免费提供全部上机指导参考答案。需要参考答案的教师请发邮件至 wkservice@vip.163.com 索取，并写明所在学校及院系。本书配套的主教材是《程序设计基础——C 语言》，建议与本上机指导教材配套使用。

全书的编写和统稿工作由金兰负责，上机指导参考答案由梁洁编写。在本书的写作过程中，王育勤教授给予了诸多的鼓励和关心，在此表示感谢。

本书在编写过程中得到了许多同行的帮助，同时参阅了许多相关资料，在此也向同行和相关作者表示诚挚的谢意。

因编者水平有限，书中错误在所难免，恳请读者批评指正。编者 E-mail 地址为 jinlan_it@sina.com，欢迎读者给我们发送电子邮件，对教材提出宝贵的意见。

服务邮箱：wkservice@vip.163.com

金　兰

目 录

上机1　C语言简单程序的编写和调试

一、目的

熟悉 Visual C++ 6.0 集成环境，掌握在该环境下进行程序编写和调试的步骤和方法。

二、要求

1. 熟悉 Visual C++ 6.0 集成环境的使用，掌握在 Visual C++ 6.0 集成环境下输入、编译、调试和运行 C 程序的基本过程和方法。

2. 通过编写简单的程序，掌握 C 程序的基本组成和结构，用 C 程序解决实际问题的步骤。

三、内容及步骤

1. 在 Visual C++ 6.0 集成环境中练习程序的输入、编译、连接和运行的基本方法。

【指导】

(1) 启动 Visual C++ 6.0，进入 Visual C++ 6.0 集成环境。

(2) 设置基本环境：“工具”→“选项”→“格式”标签页。在“颜色”栏中设置 number 前景颜色为“紫红色”，string 前景颜色为“红色”，operator 前景颜色为“枣红色”。

(3) 在计算机的硬盘上创建一个存放今天上机程序的目录夹，如“e: \C 语言程序”。

(4) 创建一个 C 源程序，步骤为：选择“文件”→“新建”，打开“新建”对话框。在“文件”标签页中选择 C++ Source File 项。在“文件”输入框中输入当前文件的名字 s1-1.c，在“位置”处选择保存文件的路径 e:\C 语言程序。

(5) 键入 C 源程序：

```
#include <stdio.h>
int main()
{
    printf ("Hello, C! \n");
    return 0;
}
```

(6) 执行“编译”，编译程序，产生目标文件。

(7) 执行“执行”，连接生成.exe 文件。

```
Hello，C!
```

(8) 选择“文件”→“关闭工作空间”，关闭当前应用程序。

2. 练习程序：格式化输出变量。

【指导】

按前面步骤编辑程序文件且命名为 s1-2.c：

```
#include <stdio.h>
int main()
{
    int a, b, sum;                      /*定义变量*/
    a=40; b=50;                         /*变量赋值*/
    sum=a+b;                            /*求和*/
    printf ("Hello, C! \n");
    printf ("Sum is %d \n", sum);       /*输出 sum*/
    return 0;
}
```

程序输出结果是：

____

____

____

____

观察程序的输出结果，看看和预期的结果是否一致。

3. 练习程序的简单调试。

【指导】

(1) 对上面第 2 题中程序做如下操作：去掉语句 printf ("Hello, C! \n");中的分号“；”，重新进行编译，观察编译错误，调试窗口的信息如下：

① Compiling...

② s1-2.c

③ E:\C 语言程序\s1-2.c(8): error C2146: syntax error: missing ';' before identifier 'printf'

④ Error executing cl.exe.

⑤ s1-2.obj - 1 error(s), 0 warning(s)

第③条信息表示：程序所在的路径；具体错误位置在第 8 行；错误号为 C2146；语法错误；错误原因是：在“printf”前把“;”弄丢了。如果在上一行末尾加上“;”，该错误就不会再出现。

(2) 将 main 改为 mian，重新编译和运行，观察编译和链接错误。

这时编译没有错误，链接时出现如下错误信息：

① Linking...

② LIBCD.lib(crt0.obj) : error LNK2001: unresolved external symbol _main

③ Debug/s1-2.exe : fatal error LNK1120: 1 unresolved externals

④ Error executing link.exe.

⑤ s1-2.exe - 2 error(s), 0 warning(s)

其中第②③条信息指出的错误是：没有定义 main 函数，造成该错误的原因是因为函数名 main 写错了。

(3) 把 printf ("Sum is %d \n", sum);语句中的 printf 改为 print，重新编译和运行，观察编译错误，错误窗口提示：

① Compiling...

② s1-2.obj : error LNK2001: unresolved external symbol _ print

③ Debug/s1-2.exe : fatal error LNK1120: 1 unresolved externals

④ Error executing link.exe.

⑤ s1-2.exe - 2 error(s), 0 warning(s)

第②条信息指出错误："print" 没有定义，将 "print" 改为 "printf" 即可。

4. 编程实现在屏幕上显示如下三行文字。

Hello, world !

Welcome to the C language world!

Everyone has been waiting for.

【指导】

在 Visual C++ 6.0 环境下，键入如下源文件。程序 s1-4.c 如下：

```
#include<stdio.h>
int main()
{
    printf("Hello,World!\n");
    printf("Welcome to the C language world!\n");
    printf("Everyone has been waiting for.\n");
    return 0;
}
```

使用编译命令和执行命令，观察并记录运行结果。程序输出结果是：

____

____

____

____

____

____

____

____

____

____

____

____

5. 参照例题，自己编写一个 C 程序 s1-5.c，输出以下信息：

```
****************************
        Hello，World!
****************************
```

源程序：

6. 编写程序 s1-6.c：

```
#include <stdio.h>
int main()
{
    a=3;
    b=4;
    c=a+b;
    return 0;
}
```

(1) 编译这个程序，出现了什么错误？把错误提示记录下来。注意：这里的错误信息是英文的，大家一定要熟悉一些常见的错误提示，并学会修改。

____

____

____

____

____

____

____

____

____

____

(2) 再次修改：

```
#include <stdio.h>
int main()
{
    int a,b,c;
    a=3;
    b=4;
    c=a+b;
    return 0;
}
```

编译它，还有错误吗？回想一下，刚才的错误提示是什么含义？

(3) 执行这个程序，屏幕上显示计算结果了吗？为什么？应该如何修改程序？

(4) 继续修改：

```
#include <stdio.h>
int main()
{
    int a,b,c;
    a=3;
    b=4;
    c=a+b;
    printf("c=%d\n",c);
    return 0;
}
```

编译执行它，有结果显示吗？是什么？记录下来。

四、提示

(1) 在调试程序的过程中，如果出现编译错误，要由上而下一个一个地去修改，每改一处，就要重新编译一次，不要想着一次把所有错误都修改完之后再编译。因为有时一个错误会引起下面程序段中与之有关的行也出现错误，改正一个错误，其他错误也随之消失了。

(2) 要注意培养自己独立分析问题和解决问题的能力，积累查错的经验，逐渐提高调试程序的能力；千万不要被错误所吓倒，相信自己一定会在调试程序的过程中成长起来。

上机2　数据类型、运算符和表达式、输入输出函数的应用

一、目的

1. 掌握C语言中基本数据类型的使用方法。
2. 掌握C语言中定义变量及对它们进行赋值的方法。
3. 掌握C语言的各种类型的运算符、表达式的正确使用方法。
4. 掌握基本的输入/输出函数的使用方法。

二、要求

1. 通过编写程序，掌握C语言的几种基本数据类型，如整型int、字符型char、实型float、双精度型double，以及由这些基本类型构成的常量和变量的使用方法。

2. 通过编程进一步理解和掌握运算符的确切含义和功能。

3. 理解和掌握运算符与运算对象的关系，例如单目运算符只对一个运算对象进行操作，双目运算符需要两个运算对象。

4. 理解和掌握运算符的优先级和结合方向。

5. 掌握基本输入/输出函数的使用方法，其中包括printf()函数、scanf()函数、getchar()函数和putchar()函数。

三、内容及步骤

1. 计算三个整型变量x、y、z的平均值average并输出。

程序如下：

```
#include <stdio.h>
int main()
{
    int x,y,z;
    double average;
    scanf("%d%d%d",&x,&y,&z);
    average=(x+y+z)/3;
    printf("平均值为：%lf\n",average);        /*第 7 行*/
    return 0;
}
```

(1) 编译运行程序，输入 1 1 0，回车，程序输出的结果是：

____

____

____

____

分析程序输出的结果，并分析原因：

____

____

____

____

(2) 将第 7 行改为“average=(x+y+z)/3.0;”，编译运行程序，输入 1 1 0，回车，程序输出的结果是：

____

____

____

____

(3) 将第 7 行改为“average=(double)(x+y+z)/3”，编译运行程序，输入 1 1 0，回车，程序输出的结果是：

____

____

____

____

通过编写该程序，进一步认识数据的类型，以及不同类型数据的混合运算。

2. 运行程序 s2-2.c：

```
#include <stdio.h>
int main()
{
    float a1,a2;
    double b1,b2;
    a1=3141.59;
    a2=0.000001;
    b1=3141.59;
    b2=0.000001;
    printf("%f, %lf\n", a1+a2, b1+b2);
    return 0;
}
```

程序输出的结果是：

____

____

____

____

____

观察结果，并对结果做出合理的解释：

【提示】

在 C 语言中 float 类型的有效位数是多少位？double 类型的有效位数为多少位？

____

____

____

____

____

该程序的目的是进一步认识不同浮点类型的数据，其有效位数不相同，编程时应该根据要求定义变量的类型。

3. 运行程序 s2-3.c：

```
#include <stdio.h>
int main()
{
    char ch;
    int k;
    ch='a';
    k=10;
    printf("%d, %x, %o, %c", ch, ch, ch, ch, k);
    printf ("k=%%d\n",k);
    return 0;
}
```

程序输出的结果是：

____

____

____

____

____

____

观察结果，并对结果做出合理的解释：

【提示】

第一个 printf 中格式控制个数与变量列表中变量个数一致吗？k 的值输出了吗？

____

____

____

____

____

____

____

____

【提示】

第二个 printf 中两个连续的%字符会输出什么？k 的值输出了吗？

______

______

______

______

该程序的目的是掌握变量按不同格式的输出，进一步认识格式转换说明符、printf 函数中函数的正确使用。

4. 运行程序 s2-4.c：

```
#include <stdio.h>
int main()
{
    float x;
    double y;
    x=213.82631;
    y=213.82631;
    printf ("%7.2f , %-4.2f\n", x,y);
    return 0;
}
```

程序的输出结果是：

______

______

______

观察结果，并对结果做出合理的解释：

【提示】

printf 中%7.2f 或%-4.2f 的含义是什么？当输出数据宽度大于设定的宽度时，数据将会按照怎样的方式输出？

______

______

______

该程序是为了进一步认识格式转换说明符。

5. 程序 s2-5.c 的功能是从键盘上输入“x=25,y=36.7,c=C”，然后将输入的内容输出到屏幕上。调试程序，修改有错误的语句行，并输出正确的结果。

```
#include <stdio.h>
int main()
{
    int x;
    float y;
    char c;
    scanf("x=%d,y=%f,c=%c",x,y,c);
    printf("x=%f,y=%d,c=%c",x,y,c);
    return 0;
}
```

调试程序，修改有错误的语句行，并说明错误的原因：

____

____

____

____

程序修改正确后，输出的正确结果是：

____

____

____

____

6. 运行程序 s2-6.c：

```
#include <stdio.h>
int main()
{
    char c1,c2;                    /*第 4 行*/
    c1='x';                        /*第 5 行*/
    c2='y';                        /*第 6 行*/
```

```
    printf("%c,%c",c1,c2);                  /*第 7 行*/
    return 0;
}
```

(1) 程序输出的结果为：

____

____

____

____

(2) 将第 4 行改为“int c1,c2;”，输出结果为：

____

____

____

____

(3) 将第 5 行改为“c1=x;”，编译结果如何？原因是什么？

____

____

____

____

(4) 将第 5 行改为“c1=300;”，输出结果为：

____

____

____

____

结合输出结果分析原因：

____

____

____

____

____

(5) 将第 7 行改为“printf("%d,%d",c1,c2);”，输出结果为：

(6) 将第 7 行改为“printf("%d,%d",c1+255,c2+256);”，输出结果为：

(7) 将第 7 行改为“printf("%c,%c",c1+255,c2+256);”，输出结果为：

7. 执行程序 s2-7.c 后，a、b、c、d、e 的值分别等于多少？为什么？

```
#include <stdio.h>
int main()
{
    int a,b,c,w=1,x=2,y=3,z=4,d=5,e=6;
    a=b=c=1;
    ++a||++b&&++c;
    (d=w>x)&&(e=y>z);
    printf("a=%d,b=%d,c=%d,d=%d,e=%d",a,b,c,d,e);
    return 0;
}
```

程序的输出结果是：

观察结果，并对结果做出合理的解释：

____

____

____

____

____

四、编程

1. 定义整型变量 a 的值为 5，请编写程序分别按十进制、八进制和十六进制输出 a 的值。

2. 编写程序实现：从键盘输入一个实数，分别按小数形式(保留 2 位小数)和指数形式(尾数部分保留 2 位有效数字)输出该实数的值。

3. 编写程序定义 char 型变量 ch1 和 ch2 值均为'a'，依次按字符、十进制、八进制和十六进制整数的形式输出它们的值，要求每个变量各占一行。

上机3　控制结构程序设计

一、目的

掌握结构化程序设计的基本思想和方法，以及C语言的基本控制结构和控制转移语句。

二、要求

1. 掌握形成控制结构语句的使用方法，熟练运用。

(1) 选择结构语句：if语句、switch语句。

(2) 循环结构语句：for语句、while语句、do-while语句。

2. 重点掌握双重循环嵌套语句的正确使用方法，并能熟练运用。

3. 掌握控制转移语句的正确使用方法，并能在编程中灵活使用，通过编程掌握在什么情况下使用下列转向语句：goto语句、break语句、continue语句。

三、内容及步骤

1. 阅读程序s3-1.c。

```
#include <stdio.h>
int main()
{
    float x;
    int sgn;
    scanf("%f",&x);
    if(x==0)                /*第7行*/
        sgn=0;
    else if(x>0)
        sgn=1;
```

```
        else
            sgn=-1;
        printf("sgn(x)=%d\n",sgn);
        return 0;
}
```

(1) 上述程序描述的是一个怎样的分段函数？

____

____

____

____

(2) 编译运行程序，分别输入值 12、0、-34，程序输出的结果为：

____

____

____

____

(3) 将程序中的第 7 行“if(x==0)”改为“if(x=0)”，分别输入上面的 3 个值，程序执行的结果还正确吗？为什么？

____

____

____

____

(4) 将程序改为：

```
#include <stdio.h>
int main()
{
    float x;
    int sgn;
    scanf("%f",&x);
    if(x>=0)
    {
        sgn=1;
        if(x==0)
```

```
            sgn=0;
    }
    else
        sgn=-1;
    printf("sgn(x)=%d\n",sgn);
    return 0;
}
```

分别输入上面的 3 个值 12、0、-34，观察运行结果，还正确吗？

____

____

____

____

____

2. 阅读程序 s3-2.c。

```
#include <stdio.h>
int main()
{
    int day;
    printf ("请输入要查询的星期：\n");
    scanf ("%d",&day);
    if (day==1)
        printf("上午：英语，数学；下午：法律\n");
    else if (day==2)
        printf("上午：物理，计算机；下午：音乐\n");
    else if (day==3)
        printf("上午：英语，数学；下午：体育\n");
    else if (day==4)
        printf("上午：计算机，物理；下午：班会\n");
    else if (day==5)
        printf("上午：写作，实习；下午：听力\n");
    else if (day==6 ||day==7)
        printf("休息\n");
    else
```

```
        printf("非法输入\n");
    return 0;
}
```

请将该程序用 switch 语句来完成。

3. 求水仙花数。如果一个 3 位数的个位数、十位数和百位数的立方之和等于该数本身，则称该数为水仙花数。编程(s3-3.c)求出所有水仙花数，并写出输出结果。

【指导】对该算法的描述如下：

step 1　假设 i、j、k 分别为一个 3 位数 n 的百位、十位和个位，那么，当 $i^3+j^3+k^3=n$ 时，称 n 为水仙花数。

step 2　3 位数为 100～999，要判断其中的每一个数是否是水仙花数，可以用循环实现。

(1) 程序代码如下，请填补程序代码中的空缺：

```
#include <stdio.h>
int main()
{
    int n,i,j,k;
    for(n=100;n<=999;n++)
    {
        i=__________;                /*n 的百位*/
        j=__________;                /*n 的十位*/
        k=__________;                /*n 的个位*/
        if(______________________________)
            printf("%d=%d^3+%d^3+%d^3\n",n,i,j,k);
    }
    return 0;
}
```

(2) 编译运行程序，程序输出的结果是：

____

____

____

____

____

____

4. 分别使用 while、do-while 和 for 语句完成程序 s3-4.c：求 1～200 的和。

```
/*用 while 实现*/
```

```
/*用 do…while 实现*/
```

```
/*用 for 实现*/
```

编译运行三段源程序，观察得到的结果是否一致，输出的结果应该为：

____

5. 如果程序的执行结果是：

```
*   1   2   3   4   5   6   7   8   9
1   1
2   2   4
3   3   6   9
4   4   8  12  16
5   5  10  15  20  25
6   6  12  18  24  30  36
7   7  14  21  28  35  42  49
8   8  16  24  32  40  48  56  64
9   9  18  27  36  45  54  63  72  81
```

试编写程序，输出该九九乘法表的程序(s3-5.c)。

【指导】把结果输出到屏幕上时，是按行输出的。首先输出第一行，然后再依次输出下面各行。从第二行开始的输出结果是有规律可循的。从第二行第二列开始的输出结果是一个下三角形。该下三角形就是一个九九乘法表。九九乘法表中的每个数就是它所在的行号(对应第一行上的数)和列号(对应第一列上的数)相乘的结果。所以，程序执行的步骤如下：

step 1　输出第一行。

step 2　用两重循环输出九九乘法表，先输出行号 i，再输出该行的 i 个数。

(1) 请将程序补充完整。

```
#include <stdio.h>
int main()
{
    int i,j;
    /*打印输出第一行(包括*和 1～9 这 9 个数字)*/
    ______________________________
    ______________________________
    ______________________________
    /*打印输出从第二行开始的所有内容*/
```

```
    for(i=1;i<=9;i++)
    {
        ______________________        /*打印每行的行号*/
        for(j=1;j<=i;j++)
            ______________________
        printf("\n");
    }
    return 0;
}
```

(2) 思考：若去掉“printf("\n");”，结果会怎样？

____

____

6. 百钱买百鸡是我国古代著名的数学题。问题是这样描述的：3 文钱可以买 1 只公鸡，2 文钱可以买 1 只母鸡，1 文钱可以买 3 只小鸡。用 100 文钱买 100 只鸡，那么各有公鸡、母鸡和小鸡多少只？对于百钱买百鸡问题，用双重循环实现程序 s3-6.c。

(1) 如果要求在程序中输出循环的总次数，应该如何修改程序？

(2) 如果只要求给出一个解，且用 break 语句实现，应如何修改程序？

四、编程

1. 编程计算下面的函数：

$$
y=\begin{cases} e^{\sqrt{x}}-1 & 0<x<1 \\ |x|+2 & 3\leqslant x\leqslant 4 \\ \sin(x^2) & \text{当 x 取其他值时} \end{cases}
$$

2. 一位同学问老师和老师夫人的年龄是多少，老师说："我年龄的平方加上我夫人的年龄恰好等于 1053，而我夫人年龄的平方加上我的年龄等于 873。"试计算老师和其夫人的年龄。

3. 输出下列图案。

```
*
***
*****
***
*
```

五、课外拓展上机练习题

1. 身高预测

每个做父母的都关心自己孩子成人后的身高，有关生理卫生知识与数理统计分析表明，影响小孩成人后的身高的因素包括遗传、饮食习惯与体育锻炼等。小孩成人后的身高与其父母的身高和自身的性别密切相关。

设 faHeight 为其父身高，moHeight 为其母身高，身高(单位为 cm)预测公式为：

男性成人时身高=(faHeight + moHeight)×0.54

女性成人时身高=(faHeight×0.923 + moHeight)/2

此外，如果喜爱体育锻炼，那么可增加身高 2%；如果有良好的卫生饮食习惯，那么可增加身高 1.5%。

编程从键盘输入用户的性别(用字符型变量 sex 存储，输入字符 F 表示女性，输入字符 M 表示男性)、父母身高(用实型变量存储，faHeight 为其父身高，moHeight 为其母身高)、是否喜爱体育锻炼(用字符型变量 sports 存储，输入字符 Y 表示喜爱，输入字符 N 表示不喜爱)、是否有良好的饮食习惯等条件(用字符型变量 diet 存储，输入字符 Y 表示良好，输入字符 N 表示不好)，利用给定公式和身高预测方法对身高进行预测。

2. 简单的计算器

用 switch 语句编程设计一个简单的计算器程序，要求根据用户从键盘输入的表达式：

```
操作数1　运算符op　操作数2
```

计算表达式的值，指定的算术运算符为加(+)、减(−)、乘(*)、除(/)。

若增加如下要求：

(1) 如果要求程序能进行浮点数的算术运算，程序应该如何修改？如何比较实型变量 data2 和常数 0 是否相等？

(2) 如果要求输入的算术表达式中的操作数和运算符之间可以加入任意多个空白符，那么应如何修改程序？

(3) 如果要求连续做多次算术运算，每次运算结束后，程序都给出提示：

```
Do you want to continue(Y/N or y/n)?
```

用户输入 Y 或 y 时，程序继续进行其他算术运算；否则程序退出运行状态。那么，应如何修改程序呢？

3. 猜数游戏

先由计算机“想”一个 1～100 的数请人猜，如果猜对了，在屏幕上输出人猜了多少次才猜对此数，以此来反映猜数者“猜”的水平，然后结束游戏；否则计算机给出提示，告诉人所猜的数是太大还是太小，最多可以猜 10 次，如果猜了 10 次仍未猜中的话，则停止本次猜数，然后继续猜下一个数。每次运行程序可以反复猜多个数，直到操作者想停止时才结束。

【思考】

用 scanf 输入用户猜测的数据时，如果用户不小心输入了非法字符，如字符 a，那么程序运行就会出错，用什么方法可以避免这样的错误发生？请读者编写程序验证方法的有效性。

上机4　数组的应用

一、目的

数组是有序数据的集合。本实验通过上机掌握一维和二维数组的使用，以及字符串处理函数的使用方法。

二、要求

1. 掌握一维数组的定义和数组元素引用的正确方法。
2. 掌握二维数组的定义和数组元素引用的正确方法。
3. 熟练掌握一维数组与二维数组的常见算法。
4. 熟悉在什么情况下使用数组，并熟练运用数组解决实际问题。
5. 掌握字符串处理函数的使用方法。

三、内容及步骤

1. 编写程序 s4-1.c，计算 Fibonacci 数列的前 20 个数，将其存放到一维数组 f 中，然后输出结果。

【指导】

step 1　Fibonacci 数列具有以下特点：它的第 1 和第 2 个数分别是 0 和 1，从第 3 个数开始每个数是它前面两个数之和，从 0 1 1 2 3 5 8 13 21 34…。

step 2　用数组实现，即 f[k]=f[k-1]+f[k-2](k=2,…,19)，因此可以用循环实现 Fibonacci 数列前 20 个数的计算。

(1) 程序代码如下，请填补程序代码中的空缺：

```
#define N 20
#include <stdio.h>
```

```
int main()
{
    int f[N],k;
    f[0]=__________;
    f[1]=__________;
    for(k=_______;k<________;k++)
    {
        ________________________________
    }
    for(k=0;k<20;k++)
    {
        printf("%6d",f[k]);
        if((k+1)%4==0)
            printf("\n");
    }
    return 0;
}
```

(2) 编译运行程序，程序输出的结果是：

____

____

____

____

____

____

2. 读程序 s4-2.c，说明程序的功能和输出结果。

```
#include <stdio.h>
#include <math.h>
int main()
{
    int a[3][4]={{4,6,3,-7},{5,2,7,-4}, {8,6,4,-1}};
    int min, p, i, j;
    for (i=0;i<=2;i++)
```

```
    {
        min=abs(a[i][0]);
        p=0;
        for(j=0;j<=3;j++)
            if(abs(a[i][j])<min)
            {
                min=abs(a[i][j]);
                p=j;
            }
        printf("%d\t (%d,%d)\n", a[i][p],i,p);
    }
    return 0;
}
```

【指导】

(1) 程序最终输出的是“a[i][p]，i，p”，“a[i][p]，i，p”在程序中分别代表什么？

(2) 程序运行的结果是：

3. 完善程序 s4-3.c，使其能输出如下的图形。

```
*  *  *  *  *
 *  *  *  *  *
  *  *  *  *  *
   *  *  *  *  *
    *  *  *  *  *
```

【指导】

(1) 图形有 5 行，每行由 5 个“*”字符组成，每个字符“*”之间有 2 个空格。

(2) 首先输出每行前面的空格，每一行前面的空格数不同，呈递增的规律，可以考虑用一个循环实现。

(3) 然后输出每一行的 5 个“*”。

程序代码如下，请将空缺处补充完整。

```
#include <stdio.h>
int main()
{
    int i,j;
    char space=' ';            /*变量 space 存放的是一个空格字符*/
    for(i=0;i<5;i++)
    {
        for(______________________)      /*输出每行前面的空格*/
            ______________________
        for(______________________)      /*输出每行的星号*/
            ______________________
        printf("\n");
    }
    return 0;
}
```

4. 用一维数组编写程序 s4-4.c。从键盘上输入由 5 个字符组成的一个字符串 str，然后输出该字符串。要求用两种方法实现：

(1) 按字符逐个输入和输出。

(2) 按字符串输入和输出。

/*(1)按字符逐个输入和输出*/

/*(2)按字符串输入和输出*/

5. 程序 s4-5.c 查询某学生是否为该班学生，试填空完成该程序。

【指导】

(1) 字符串的比较要用 strcmp()函数，不能用相等运算符“==”进行比较。

(2) 程序中的变量 flag 是一个控制参数，用于控制输出结果，它的初始值为 0。当 for 循环中的 if 语句的判断条件为真时，flag 的值改变为 1。由此可见，如果查找结束，flag 的初始值 0 没有改变，说明查找不成功，否则(即 flag 的值变为 1)查找成功。

程序代码如下，请将空缺处补充完整。

```
#include <stdio.h>
#include <string.h>
int main()
{
    char classStu[5][8]={"王小华","张三","赵四","向玲","丁一"};
    int i, flag=0;
    char name [8];
    printf("请输入要查询的学生姓名：");
    gets (name);
    for(i=0;i<5;i++)          /*与初始化中的 5 个人进行比较*/
        if (________________________________==0)
            flag=1;
    if (_________________)
        printf("%s 是这个班的。\n",name);
    else
        printf("%s 不是这个班的。\n",name);
    return 0;
}
```

6. 不用 strcat()函数，将两个字符串连接起来，试完善 s4-6.c。

【指导】

将字符数组 s2 连接到字符数组 s1 后面的算法步骤如下：

(1) 确定 s1 的串尾位置。

(2) 将 s2 连接到 s1 后面。

(3) 在 s1 串尾加结束符(如果不加结束符，输出时可能在串的末尾有非法字符)。

程序代码如下，请将空缺处补充完整。

```
#include <stdio.h>
int main()
{
    char s1[80],s2[40];
    int i=0,j=0;
    printf("Enter s1:");
    scanf("%s",s1);
    printf("Enter s2:");
    scanf("%s",s2);
    ______________________________
    ______________________________
    ______________________________
    ______________________________
    printf("\nResult is:%s",s1);
    return 0;
}
```

四、编程

1. 给整型一维数组 b[10]输入 10 个数据，计算并输出数组中所有正数之和、所有负数之和。

2. 青年歌手参加歌曲大奖赛，有 10 个评委进行打分，将评分按降序排列。试编程求这位选手的平均得分(去掉一个最高分和一个最低分)。

【指导】这道题的核心是排序。将评委所打的 10 个分数利用数组按降序排列，计算数组中除第一个和最后一个分数以外的数的平均分。

3. 设二维数组 b[5][4]中有鞍点，即 b[i][j]元素值在第 i 行中最小，且在第 j 列中最大，试编写一程序找出所有的鞍点，并输出其下标值(也可能没有)。

4. 有一电文，已按下列规律译成译码：

A→Z　a→z

B→Y　b→y

C→X　c→x

…　　…

即第一个字母变成第 26 个字母，第 i 个字母变成第(26-i+1)个字母，非字母字符不变。编写一个程序将密码译成原文，并输出密码和原文。

五、课外拓展上机练习题

1. 检验并打印魔方矩阵

在下面的 5×5 阶魔方矩阵中，每一行、每一列、每一对角线上的元素之和都是相等的，试编写程序将这些魔方矩阵中的元素读到一个二维整型数组中，然后检验其是否为魔方矩阵，并将其按如下格式显示到屏幕上。

```
17  24   1   8  15
23   5   7  14  16
 4   6  13  20  22
10  12  19  21   3
11  18  25   2   9
```

2. 餐饮服务质量调查打分

在商业和科学研究中，人们经常需要对数据进行分析，并将结果以直方图的形式显示出来。例如，一个公司的主管可能需要了解一年来公司的营业状况，比较各月份的销售收入状况。如果仅给出一大堆数据，这显然太不直观了，如果能将这些数据以条形图(直方图)的形式表示，将会大大增加这些数据的直观性，且便于分析与对比数据。下面以顾客对餐饮服务打分为例，练习这方面的程序编写方法。假设有 40 个学生被邀请来给自助餐厅的食品和服务质量打分，分数划分为 1～10 这 10 个等级(1 表示最低分，10 表示最高分)，试统计调查结果，并用*打印出如下形式的统计结果直方图。

```
Grade     Count     Histogram
1          5        *****
2         10        **********
3          7        *******
......
```

【提示】

(1) 定义数组 score 存放所给出的分数。

(2) 定义数组 count 为计数器(count[0]不用)。

(3) 计算统计结果：设置一个循环，依次检查数组元素值 score[i]，是 1 则将数组元素 count[1]加 1，是 2 则将数组元素 count[2]加 1，以此类推。

```
for (i=0; i<STUDENTS; i++)
{
    count[score[i]] ++;
}
```

(4) 输出统计结果，设置一个循环，按 count 数组元素的值，打印相应个数的符号“*”。

(5) 输入 40 个数据太多，进行测试的时候，可以让计算机生成随机数代替手工输入数据。

3. 文曲星猜数游戏

模拟文曲星上的猜数游戏，先由计算机随机生成一个各位相异的 4 位数字，由用户来猜，根据用户猜测的结果给出提示：xAyB。

其中，A 前面的数字表示有几位数字不仅数字猜对了，而且位置也正确，B 前面的数字表示有几位数字猜对了，但是位置不正确。

最多允许用户猜的次数由用户从键盘输入。如果猜对，则提示“Congratulations!”；如果在规定次数以内仍然猜不对，则给出提示“Sorry, you haven't guess the right number!”。程序结束之前，在屏幕上显示这个正确的数字。

上机5　函数程序设计

一、目的

掌握C语言函数的定义和调用方法，学会编写通用程序模块，掌握程序设计的基本方法并编写出具有清晰模块结构的C程序。

二、要求

1. 掌握C程序中函数的定义和调用方法。
2. 掌握函数间数据传递的方式。
3. 掌握函数的嵌套调用方法。
4. 了解函数的递归调用方法。
5. 掌握局部变量、全局变量和静态变量、动态变量的使用。

三、内容及步骤

1. 用函数 fun 实现计算分段函数：

$y=x^2+x-2(x<0)$

$y=x^3-x+2(x>=0)$

完善程序 s5-1.c 中的 fun 函数。

```
#include <stdio.h>
float fun(float x);
int main()
{
    float x,y;
    printf("请输入 x 的值：");
    scanf("%f",&x);
    y=fun(x);
    printf("%f\n",y);
```

```
    return 0;
}

float fun(float x)
{
 ________________________________
 ________________________________
 ________________________________
 ________________________________
 ________________________________
 ________________________________
}
```

2. 从键盘输入两个正整数，然后求这两个数的最大公约数，试完善 s5-2.c 中的函数 gcd()。

```
#include <stdio.h>
int gcd(int,int);
int main()
{
    int a,b,x;
    scanf("%d%d",&a,&b);
    x=gcd(a,b);
    printf("%d\n",x);
    return 0;
}
int gcd(int u,int v)
{
 ________________________________
 ________________________________
 ________________________________
 ________________________________
 ________________________________
```

```
________________________________________
________________________________________
________________________________________
________________________________________
________________________________________
________________________________________
________________________________________
________________________________________
________________________________________
________________________________________
________________________________________
}
```

【指导】

求两个整数 u 和 v 的最大公约数的步骤如下：

(1) 若 u>v，则用 u 除以 v 求余数 x。

(2) 若 x==0，则 v 为最大公约数；若 x!=0，则将 v 赋值给 u，x 赋值给 v，继续用 u 除以 v，求余数 x。

(3) 直到 x==0，v 为最大公约数。

3. s5-3：c 是一个求解方程 $ax^2+bx+c=0$ 的根的程序，要求用 3 个函数分别处理 $b^2-4ac>0$、$b^2-4ac=0$ 和 $b^2-4ac<0$ 的 3 种情况。从键盘输入 a、b、c 的值，写出执行情况。试完善以下 3 个函数。

```
#include <math.h>
#include <stdio.h>
float x1, x2;          /*x1 和 x2 为方程的两个根，均为全局变量*/
double p,q,disc;       /*p 为虚根的实部，q 为虚根的虚部，均为全局变量*/
void greater_than_zero( float a,float b,float c )
{
________________________________________
________________________________________
}
void equal_to_zero( float a,float b,float c )
```

```
{
______________________________________________
______________________________________________
______________________________________________
}
void smaller_than_zero( float a,float b,float c )
{
______________________________________________
______________________________________________
______________________________________________
}
int main()
{
        float a,b,c;
        printf("请输入方程的系数 a,b,c:");
        scanf("%f,%f,%f",&a,&b,&c);
        printf("方程%6.3fx*x+(%6.3fx)+(%6.3f)=0 的解为：\n",a,b,c);
        disc=b*b-4*a*c;
        if(disc>0)
        {
            greater_than_zero( a,b,c );
            printf("x1=%6.3f,x2=%6.3f\n",x1,x2);
        }
        if(disc==0)
        {
            equal_to_zero( a,b,c );
            printf("x1=x2=%6.3f\n",x1);
        }
        if(disc<0)
        {
            smaller_than_zero( a,b,c );
            printf("x1=%6.3lf+%6.3lfi,x2=%6.3lf-%6.3lfi\n",p,q,p,q);
        }
        return 0;
}
```

【指导】方程 $ax^2+bx+c=0$ 的根有 3 种情况：

(1) 当 b^2-4ac>0，则 x1=(-b+sqrt(disc))/(2*a)，x2=(-b-sqrt(disc))/(2*a)

(2) 当 b^2-4ac=0，则 x1=x2=-b/(2*a)

(3) 当 b^2-4ac<0，则 p=-b/(2*a)，q=sqrt(-disc)/(2*a)，x1=p+qi，x2=p-qi

4. 函数 aver()求 n 个数的平均值，并找出其中的最大值和最小值，主函数输出其结果。试完善程序 s5-4.c。

```
#include <stdio.h>
float aver(float b[ ] , int n);
/*3 个全局变量，分别存储数组的最大值、最小值和平均值*/
float max,min,sum;
int main()
{
    float ave , a[10] ;
    int i ;
    for (i=0 ; i<10 ; i++ )
        scanf ("%f ", &a[i] ) ;
    ave =aver (a , 10 ) ;
    printf ("max=%6.2f\n min=%6.2f\n" , max , min ) ;
    printf ("average =%6.2f\n", ave);
    return 0;
}
float aver (float b [ ] , int n )
{
    int i;
    max=min=sum=b[0] ;
    ________________________________________
    ________________________________________
    ________________________________________
    ________________________________________
    ________________________________________
    ________________________________________
    ________________________________________
    ________________________________________
```

```
______________________________________________
______________________________________________
______________________________________________
    return (sum/n ) ;
}
```

5. 调试程序 s5-5.c，分析得到的结果。

```
#include <stdio.h>
int n = 0;
int x=10;
int func(int x);
int main()
{
        int a,b;
        a = 5;
        b = func(a);
        printf("\nlocal a=%d, local b=%d, global n=%d.\n",a,b,n);
        a++;
        b = func(a);
        printf("\nlocal a=%d, local b=%d, global n=%d.\n",a,b,n);
        func(x);
    return 0;
}
 int func(int x )
{
        int a=1;
        static int b=10;
        a++;
        b++;
        x++;
        n++;
        printf("\nlocal a=%d, local b=%d, parameter x=%d.\n",a,b,x);
       return a+b;
}
```

程序运行的结果为：

与你预期的结果是否一致？你从这个程序中得到了哪些结论和经验？

四、编程

1. 分别编写求圆面积和圆周长的函数，另编写一主函数调用之，要求主函数能输入多个圆半径，且显示相应的圆面积和周长。

2. 假设 M、N 不超过 10，分别编写求二维整形数组元素值最大和元素值最小的函数，主函数中初始化一个二维数组a [M][N]，调用定义的两个函数输出二维数组的最大值和最小值。

3. 编写一个将两个字符串连接起来的函数(即实现 strcat 函数的功能)，两个字符串由主函数输入，连接后的字符串也由主函数输出。

五、综合编程练习

1. 一维数组和函数综合编程练习：学生成绩统计

从键盘输入一个班(全班最多不超过 30 人)学生某门课的成绩，当输入成绩为负值时，输入结束，分别实现下列功能：

(1) 统计不及格人数并输出不及格学生名单。

(2) 统计成绩在全班平均分及平均分之上的学生人数，并输出这些学生的名单。

(3) 统计各分数段的学生人数及所占的百分比。

【思考】

在编程实现对数据的统计任务时，需要注意什么问题？

2. 二维数组和函数综合编程练习：成绩排名次

某班期末考试科目为数学(MT)、英语(EN)和物理(PH)，有最多不超过 30 人参加考试。考试后要求：

(1) 计算每个学生的总分和平均分；

(2) 按总分成绩由高到低排出成绩的名次；

(3) 输出名次表，表格内包括学生编号、各科分数、总分和平均分；

(4) 任意输入一个学号，能够查找出该学生在班级中的排名及其考试分数。

【思考】

(1) 如果增加一个要求：要求按照学生的学号由小到大对学号、成绩等信息进行排序，那么如何修改程序呢？

(2) 如果要求程序运行后先输出一个菜单，提示用户选择：成绩录入、成绩排序、成绩查找，在选择某项功能后执行相应的操作，那么如何修改程序呢？

六、课外拓展上机练习题

1. 给小学生出加法考试题

编写一个程序，给学生出加法运算题，然后判断学生输入的答案对错与否，按下列要求以循序渐进的方式编程。

程序 1　通过输入两个加数给学生出一道加法运算题，如果输入答案正确，则显示

“Right!”，否则显示“Not correct! Try again!”，程序结束。

程序 2　通过输入两个加数给学生出一道加法运算题，如果输入答案正确，则显示“Right!”，否则显示“Not correct! Try again!”，直到做对为止。

程序 3　通过输入两个加数给学生出一道加法运算题，如果输入答案正确，则显示“Right!”，否则提示重做，显示“Not correct! Try again!”，最多给三次机会。如果三次仍未做对，则显示“Not correct! You have tried three times! Test over!”，程序结束。

程序 4　连续做 10 道题，通过计算机随机产生两个 1～10 的加数给学生出一道加法运算题，如果输入答案正确，则显示“Right!”，否则显示“Not correct!”，不给机会重做，10 道题做完后，按每题 10 分统计总得分，然后打印出总分和做错的题数。

程序 5　通过计算机随机产生 10 道四则运算题，两个操作数为 1～10 的随机数，运算类型为随机产生的加、减、乘、整除中的任意一种，如果输入答案正确，则显示“Right!”，否则显示“Not correct!”，不给机会重做，10 道题做完后，按每题 10 分统计总得分，然后打印出总分和做错题数。

【思考】

如果要求将整数之间的四则运算题改为实数之间的四则运算题，那么该如何修改程序呢？请读者修改程序，并上机测试程序运行结果。

2. 掷骰子游戏

编写程序模拟掷骰子游戏。已知掷骰子游戏的游戏规则为：每个骰子有 6 面，这些面包含 1、2、3、4、5、6 个点，投两枚骰子之后，计算点数之和。如果第一次投的点数和为 7 或 11，则游戏者获胜；如果第一次投的点数和为 2、3 或 12，则游戏者输；如果第一次投的点数和为 4、5、6、8、9 或 10，则将这个作为游戏者获胜需要掷出的点数，继续投骰子，直到掷到该点数时游戏者获胜。如果投掷 7 次仍未掷到该点数，则游戏者输。

【思考】

将游戏规则改为：计算机想一个数作为一个骰子掷出的点数(在用户输入数据之前不显示该点数)，用户从键盘输入一个数作为另一个骰子掷出的点数，再计算两点数之和。其余规则相同，然后请读者重新编写该程序。

上机6 指针的应用

一、目的

指针是C语言中最有用的数据类型之一。本次上机是为了巩固理论课程所讲的有关指针类型的概念，正确使用指针变量、指针数组、字符串指针和二级指针(指向指针的指针)，编写简捷、高效的程序，掌握指针的运算。

二、要求

(1) 深刻理解和区分普通变量和指针变量、地址的概念。

(2) 正确使用指针变量、指针数组、字符串指针和二级指针编写程序。

(3) 掌握指针的基本运算。

(4) 掌握如何通过指针类型的变量访问某个变量或数组元素的值。

三、内容及步骤

1. 通过程序 s6-1.c，理解指针和数组的关系。

```
#include <stdio.h>
int main()
{
    int a[5],*p,i;
    for(i=0;i<5;i++)
    a[i]=i+1;
    p=a;
    for(i=0;i<5;i++)
    {
          printf("*[p+%d]=%d\t",i,*(p+i));
          printf("a[%d]=%d\n",i,a[i]);
```

```
    }
    return 0;
}
```

写出程序运行的结果，并通过输出结果理解指针和数组的关系。

____

____

____

____

____

____

____

____

____

【指导】通过该程序的输出结果，可以进一步理解用指针法和下标法表示数组元素的两种不同形式：*(p+i)和 a[i]等价。

2. 完善程序 s6-2.c，使程序能从第一个字符串中删除在第二个字符串中出现的任何字符。输入 abcdefg 给 s1，cde 给 s2，会输出什么结果？

```
#include <stdio.h>
int main()
{
    char s1[20],s2[20],*p1,*p2;
    int i;
    scanf("%s%s",s1,s2);
    printf("\n");
    /*指针 p1 指向第一个字符串 s1*/
    ________________________________________
     for(i=0;*(p1+i)!= '\0';i++)
     {
          for(p2=s2;*p2!= '\0';p2++)
         /*如果第二个字符串的字符与第一个字符串的字符相同*/
         ____________________________________
         strcpy(&s1[i],&s1[i+1]);
```

```
    }
printf ("%s",s1);
return 0;
}
```

【指导】

(1) p1 在使用前必须有明确的指向。

(2) strcpy(&s1[i],&s1[i+1]);的作用是：将 s1 中下标为 i+1 开始的字符串复制到下标为 i 的位置，即删除下标为 i 处的字符。

3. 完善程序 s6-3.c。从键盘上输入 10 个数据到一维数组 x 中，然后找出数组中的最大值和该值所在数组元素的下标。

```
#include <stdio.h>
int main()
{
    int x[10],*p1,*p2,i;
    for(i=0;i<10;i++)
        scanf("%d",x+i);
    for(p1=x,p2=x;p1<x+10;p1++)
        if(*p1>*p2)
            p2=________________________;
      printf("MAX=%d,INDEX=%d\n",*p2,________________________);
      return 0;
}
```

【指导】

(1) 第一空中 p2 存放数组中最大值所在位置的地址，*p2 为数组中的最大值。

(2) 第二空是最大值元素在数组中的下标。

4. 调试程序 s6-4.c。该程序的功能是将数组 x 的元素倒序输出。例如，输入 1 2 3 4 5，则输出 5 4 3 2 1。改正程序中的错误，但不能改变程序中的结构或删除整行。

```
#include<stdio.h>
#define M 20
int main()
{
```

```
    int i,x[M],n, m, t,*p,*k,*j;
    printf("\nEnter n:");
    scanf("%d",&n);
    printf("\nEnter array x[i](i=0~n):\n");
    for(i=0;i<n;i++)
        scanf("%d",x+i);
    printf("\n");
    m=n/2;
    k=x;
    j=x+n;                        /*错误*/
    p=x+m;
    for(;k<=p;k++,j--)            /*错误*/
    {
      t=*k;
      k=j;                        /*错误*/
      *j=t;
    }
    printf("\nThe array inverted:\n");
    for(i=0;i<n;i++)
      printf("%d ",x[i]);
  return 0;
}
```

【指导】

(1) 注意边界元素的下标。

(2) 注意数据的正确交换。

(3) 提示：有“错误”注释的是错误出现的位置，请重点关注，然后指出错误的原因并修改错误。

____

____

____

____

____

____

四、编程

1. 编写函数 int strreverse(char *str1, char *str2)，对输入的字符串 str2，将其逆序放入字符串 str1 中，其返回值为 str1 的长度。

2. 编写函数 int find(int *p,int n,int x)，在指针 p 所指的数组中查找整型数 x，如果 x 在数组中，则该函数返回 1，否则返回 0。n 为数组的大小。

3. 假设有三门课程四个学生，要求编程求各门课程的平均分，并查找各门课程不及格的学生及其成绩。用指针来实现。

五、综合编程练习

数组、函数和指针综合编程练习：输出最高分和学号。

假设每班人数最多不超过 40 人，具体人数由键盘输入，试编程输出最高分及其学号。

程序 1　用一维数组和指针变量作为函数参数，编程输出某班一门课成绩的最高分及其学号。

程序 2　用二维数组和指针变量作为函数参数，编程输出 3 个班学生(假设每班 4 个学生)的某门课成绩的最高分，并指出具有该最高分成绩的学生是第几个班的第几个学生。

程序 3　用指向二维数组第 0 行第 0 列元素的指针作为函数参数，编写一个计算任意 m 行 n 列二维数组中元素的最大值，并指出其所在的行列下标值的函数，利用该函数计算 3 个班学生(假设每班 4 个学生)的某门课成绩的最高分，并指出具有该最高分成绩的学生是第几个班的第几个学生。

程序 4　编写一个计算任意 m 行 n 列二维数组中元素的最大值，并指出其所在的行列下标值的函数，利用该函数和动态内存分配方法，计算任意 m 个班、每班 n 个学生的某门课成绩的最高分，并指出具有该最高分成绩的学生是第几个班的第几个学生。

【思考】

(1) 编写一个能计算任意 m 行 n 列的二维数组中的最大值，并指出其所在的行列下标值的函数，能否使用二维数组或者指向二维数组的行指针作为函数参数进行编程实现？为什么？

(2) 请读者自己分析动态内存分配方法(题目要求中的程序 4)和二维数组(题目要求中的程序 3)两种编程方法有什么不同？使用动态内存分配方法存储学生成绩与用二维数组存储学生成绩相比，其优点是什么？

上机7　结构体与共用体的应用

一、目的

掌握结构体类型、共用体类型以及相应类型变量的定义方法和引用方法，学习运用链表解决实际问题。

二、要求

1. 掌握结构体类型与结构体变量的定义、引用和初始化方法。
2. 熟悉结构体与共用体的区别。
3. 掌握链表的建立、查找、插入和删除操作。
4. 了解枚举类型的概念及其使用方法。

三、内容及步骤

1. 程序 s7-1.c 是按学生姓名查询其排名和平均成绩，查询可连续进行，直到键入 0 时结束。试完善该程序。

```
#include <stdio.h>
#include <string.h>
#define NUM 4
struct student
{
    int rank;
    char *name;
    float score;
};
struct student stu[]={3,"Tom",89.5,4, "Mary",76.5,1, "Jack",98.0,2, "Jim",92.0};
int main()
{
```

```
        char str[10];
        int i;
        do
        {
            printf("Enter a name: ");
            …
        }
        return 0;
}
```

【指导】连续查询可以在 do 循环语句中实现。其算法步骤如下：

step 1　输入一个学生姓名。

step 2　与已知结构体数组中的姓名进行比较。如果找到与输入的学生姓名相同者，则输出该学生的姓名、排名和平均成绩。

step 3　如果查找的人数大于等于 NUM，则输出：Not found。

step 4　如果输入的学生姓名是 0，则结束查询，程序运行结束；否则转向 step 1 继续执行。

【注意】

这里的转向构成了循环，可以用循环语句实现。

2. 有 4 名学生，每人有两门课程的考试成绩。试完善程序 s7-2.c，编写函数 index()检查总分高于 160 分和任意一科不及格的两类学生，将结果输出到屏幕上，并写出运行结果。

```
#include <stdio.h>
struct student
{
        char name[10];
        int num;
        float score1;
        float score2;
}stu[4]={{"李一",1,84.0,82.0},{"王二",2,71.0,73.0},
          {"赵三",3,90.0,68.0},{"刘四",4,67.0,56.0}};
int main()
{
        struct student *p;
        int index(struct student * pt);
        p=stu;
        index(p);
        return 0;
}
```

【指导】

(1) 调用函数 index()时，实参是结构体指针变量。因此，定义函数 index()时，形参也应该是一个同类型的结构体指针变量，例如“struct student * pt”。

(2) 程序要检查两类学生：总分高于 160 分和任意一科不及格的，可以分别用两条 for 循环语句“for(i=0;i<4;i++,pt++)”来实现。

(3) 总分高于 160 分可以表示为“pt→score1+pt→score2>160”，任意一科不及格可以表示为“pt→score1<60||pt→score2<60”。

```
int index(struct student * pt)
{



}
```

3. 分析并测试下列程序的输出结果。

```
#include<stdio.h>
int main()
{
   union
   {
       int a;
       int b;
   }s[3],*p;
   int n=1,k;
   for(k=0;k<3;k++)
   {
       s[k].a=n;
       s[k].b=s[k].a*2;
       n+=2;
   }
   p=s;
```

```
    printf("%d,%d\n",p→a,++p→a);
    return 0;
}
```

程序输出的结果为：

____

____

____

____

____

____

【指导】注意理解共用体的内存分配和正确使用方法。

4. 程序 s7-4.c 使用单向链表，把一个整型数组的各个元素插入到链表中，并以升序排列。分析并给该程序添加注释，说明每个函数的功能。

```
#include <stdlib.h>
#include <stdio.h>
struct slist
{
    int info;
    struct slist * next;
};
int a[8]={35,46,17,80,25,78,66,54};
struct slist * head=NULL;
void inlist(struct slist * node,int value);
void outlist();
int main()
{
    int i;
    struct slist * node;
    for(i=0;i<8;i++)
    {
        node=(struct slist *)malloc(sizeof(struct slist));
        inlist(node,a[i]);
    }
```

```
    outlist();
    return 0;
    }
    void inlist(struct slist * node,int value)
    {
        struct slist * cp;
        cp=head;
        node→info=value;
        if(head==NULL)
        {
            head=node;
            node→next=NULL;
        }
        else
        {
            if(cp→info>value)
            {
                head=node;
                node→next=cp;
            }
            else
            {
                while(cp→next!=NULL && cp→next→info<value)
                    cp=cp→next;
                node→next=cp→next;
                cp→next=node;
            }
        }
}
void outlist()
{
    struct slist * cp=head;
    while(cp!=NULL)
    {
        printf("%d\n",cp→info);
        cp=cp→next;
```

```
        }
}
```

inlist 函数的功能是：

____

____

outlist 函数的功能是：

____

____

四、编程

1. 结构体变量的成员包括年、月、日，输入日期并计算该日是当年的第几天。

2. 使用结构体变量输入学生姓名、学号及三门课的成绩，计算各自的平均成绩。

3. 在屏幕上模拟显示一个数字式时钟程序。

4. 编写函数统计链表中节点的个数。

5. 编写函数实现将两个链表连接起来，形成一个新的链表。

五、综合编程练习

用 switch 配合循环语句编写一个菜单，由用户选择执行哪一种链表操作：链表的创建、节点的删除、节点的插入、链表的输出、退出程序。

上机8　文件的操作

一、目的

掌握文件的打开、关闭操作；掌握字符、字符串以及文件的读写操作。

二、要求

1. 掌握文件打开的 fopen 函数和文件关闭的 fclose 函数的使用方法。
2. 掌握以二进制方式和以文本方式读写文件的区别。
3. 掌握按字符读写文件操作的 fgetc 函数和 fputc 函数的使用方法。
4. 熟悉按字符串读写文件操作的 fgets 函数和 fputs 函数的使用方法。
5. 掌握按块读写文件操作的 fread 函数和 fwrite 函数的使用方法。
6. 熟悉格式化读写文件操作的 fprintf 函数和 fscanf 函数的使用方法。

三、内容及步骤

1. 打字练习

编写基于文本文件的打字练习程序 s8-1.c，具体要求如下：

(1) 预备好一个文本文件，该文件的名字是 letter.txt，其内容由英文字母构成。

(2) 在 main 函数中每次读取 letter.txt 中的 N 个字母，并显示在屏幕上，要求用户输入这 N 个字母。

(3) 程序读取 letter.txt 的全部内容后，将统计出用户打字的正确率和用时。

【指导】

(1) 掌握如何按文本方式读取文件的内容。

(2) 读入的文本可能包含有回车字符，打字练习不需要测试回行，所以，必须对读入的内容进行必要的处理，即只显示需要输入的字符。

(3) 在实验中的代码基础上进行改进，使得用户能选择一个用于打字的文件，例如输入该文件的名字。

2. 保存成绩单。成绩单包括的信息有：学生姓名、数学成绩、英语成绩。从键盘输入 N 个学生的成绩，并保存到名字为 score.dat 的二进制文件中，然后读取 score.dat，编写程序 s8-2.c。

【指导】程序用二进制方式写成的文件，即二进制文件，其他用户用文本编辑器无法查看其中的信息，比如用“记事本”软件打开一个二进制文件，看到的都是“乱码”，对于二进制文件必须编写相应的程序去读写，而且要知道其中的数据结构。

四、编程

1. 根据程序提示从键盘输入一个已存在的文本文件的完整文件名，再输入一个新文本文件的完整文件名，然后将已存在的文本文件的内容全部复制到新文本文件中，利用文本编辑软件，通过查看文件内容验证程序执行结果。编写程序 s8-3.c。

2. 根据提示从键盘输入一个已存在的文本文件的完整文件名，再输入另一个已存在的文本文件的完整文件名，然后将第一个文本文件的内容追加到第二个文本文件的原内容之后，利用文本编辑软件查看文件内容，验证程序执行结果。编写程序 s8-4.c。

3. 如果要复制的文件内容不是用函数 fputc()写入的字符，而是用函数 fprintf()写入的格式化数据文件，那么如何正确读出该文件中的格式化数据呢？还能用本实验中的程序实现文件的拷贝吗？请读者自己编程验证。编写程序 s8-5.c。